科学のアルバム

アサガオ たねからたねまで

佐藤有恒●写真
中山周平●文

あかね書房

もくじ

構成●七尾 純
イラスト●渡辺洋二
　　　　林 四郎
装丁●画工舎

科学のアルバム

アサガオ

たねからたねまで

佐藤有恒（さとう ゆうこう）

一九二八年、東京都麻布《あざぶ》に生まれる。

子どものころより昆虫《こんちゅう》に興味《きょうみ》をもち、東京都公立学校に勤《つと》めながら昆虫写真を撮《と》りつづける。

一九六三年、東京都銀座《ぎんざ》で虫と花をテーマにした個展をひらき、翌《よく》一九六四年に、フリーのカメラマンとなる。

以後《いご》、すぐれた昆虫生態《せいたい》写真を発表しつづけ「昆虫と自然《しぜん》のなかに美を発見した写真家」として注目される。

おもな著書《ちょしょ》に「ヘチマのかんさつ」「紅葉のふしぎ」「花の色のふしぎ」（共にあかね書房）などがある。

一九九一年、逝去《せいきょ》。

中山周平（なかやま しゅうへい）

一九一五年、神奈川県に生まれる。

一九三五年、東京府青山師範《しはん》学校卒。東京都の小学校校長を歴任《れきにん》。

小学生のころより生物に興味《きょうみ》をもち、昆虫、植物など、いろいろな自然物《しぜんぶつ》の観察《かんさつ》、採集《さいしゅう》などに熱中《ねっちゅう》。理科教育の分野に多大の業績《ぎょうせき》を残《のこ》している。

おもな著書に「昆虫の図鑑《ずかん》」（小学館）、「私たちのきせつだより」（岩波書店）がある。

二〇〇二年、逝去。

黒《くろ》いつぶ、かたいつぶ。
この小《ちい》さなたねのなかで、
アサガオのいのちがねむっています。

4月《がつ》28日《にち》

たねまき

土《つち》にたねをまきましょう。

ゆびで土《つち》に小《ちい》さなあなをあけて、そのなかに、かたい、よいたねをえらんで、ひとつぶずつおとします。そしてかるく土《つち》をかぶせます。

でも、これだけでは、たねはねむりからさめません。じょうろで水《みず》をまいてやりましょう。

水《みず》をすってやわらかくなると、たねはやっとめをさまします。

生《い》きているなら、たねに、なにかへんかがおきるはずです。どんなへんかがおきはじめるか、みまもっていきましょう。

5月《がつ》3日《か》

――6日《か》め――

なにか白《しろ》いものが……

土《つち》のなかのようすをしらべてみましょう。まいたときにはなかった白《しろ》いものが、たねから地《ち》ちゅう深《ふか》くのびています。これがねです。

5月《がつ》4日《か》

—7日《か》め—

ねが、土《つち》のなかにぐんぐんのびていきます。よくみると、地上《ちじょう》にでているぶぶんだけが赤《あか》みをましてきましたね。これは、そのぶぶんだけが日光《にっこう》をうけて、なにかへんかがおこっているためです。

しゅるいによって，ねのはえかたやかたちがちがいます。

ダイコン

ヒヤシンス

ねのひみつ

ねを、虫《むし》めがねでのぞいてみましょう。太《ふと》いねから、毛《け》のようなものがたくさんはえていますね。これを根毛《こんもう》とよんでいます。根毛《こんもう》は、地《ち》ちゅうのせまいすきまにもぐりこんで、そだつのにたいせつな水分《すいぶん》と、それにとけている養分《ようぶん》をすいこむやくめをしているのです。

ちょっとさわるだけでいたんでしまいそうなよわよわしい根毛《こんもう》の、どこに、かたい土《つち》をおしのけていくつよいちからがあるのでしょう。ふしぎですね。

養分《ようぶん》は、ねにあるほそいくだをとおってぜんたいにゆきわたります。

5月《がつ》5日《か》

―8日《か》め―

めがでた

みどり色《いろ》の小《ちい》さなめが、ねにおしあげられるようにしてでてきました。
おや、めは、たねのかわをつけたままですね。

➡朝《あさ》のしずくにぬれながら
ぐっと頭《あたま》をもたげため。

土《つち》のなかのようすを、もういちどしらべてみましょう。ねのかたちがかわってきましたね。赤《あか》いぶぶんは、上《うえ》にぐーんとのびて、くきになりました。
めは、まだ首《くび》をたれて、とじたままですが、あすはきっと、ひらいているでしょう。

ふたばになった

めがほどけるようにふたつにわかれ、ふたばになりました。ながいえが、ふたばを空《そら》におしあげるようにのびています。

ふたばは、小《ちい》さいくせに、あつみがあります。それは、なかにいっぱい養分《ようぶん》をふくんでいるからです。

いまは、まだじぶんでは養分《ようぶん》をつくれません。しばらくのあいだ、この養分《ようぶん》でそだちます。えのつけねをみてください。ふたつにわかれたえとえのあいだから、また、めがでています。

こんどはなにになるのでしょう。

5月《がつ》7日《か》

10日《か》め

はがでた

こんどのめも、はになりました。

ふたばとは、かたちも大《おお》きさもちがいます。

これを本葉《ほんば》といいます。

本葉《ほんば》は、日光《にっこう》のたすけをかりて、養分《ようぶん》をつくるはたらきをします。

はのつきかたをよくみてください。本葉《ほんば》は日光《にっこう》をうけやすいように、ふたばとたがいちがいのほうこうにひろがっていますね。

5月《がつ》16日《にち》

19日《にち》め

つるがのびた

本葉《ほんば》がふえました。いつのまにか、くきのさきがのびてつるになっていました。頭《あたま》をよこにたれて、おもたそうです。よりかかれるように、そばに竹《たけ》をたててやりましょう。

5月《がつ》17日《にち》

――20日《か》め――

つるのうんどう

つぎの日《ひ》、みたら――。つるが、竹《たけ》にまきついていました。

アサガオは、ものにまきつきながらのびていくのです。

一時間《じかん》おきぐらいにしらべてみましょう。
上《うえ》から、つるのさきをみていると、まきついていくようすが、よくわかりますね。つるがどれも左《ひだり》まきになるわけは、※地球《ちきゅう》の磁気《じき》のむきにかんけいがあるのではないかとかんがえている学者《がくしゃ》もいます。

※地球《ちきゅう》の磁気《じき》＝地球《ちきゅう》ぜんたいがじしゃくになっていることからおこる現象《げんしょう》。

つるをみてみると

つるのさきには、こまかい毛《け》がたくさんはえていますね。この毛《け》がものにふれて、まきついていくものをさがしあてる神経《しんけい》のやくめをしているのかもしれません。

つるのさきが下《した》をむいているようすは、めがでてきたときとにていますね。

6月《がつ》10日《か》
44日《にち》め

どこがのびるのか

つるが竹《たけ》にどんどんまきついてのびていきます。いったい、つるのどのぶぶんがのびているのでしょう。

つるにおなじはばで、すみでしるしをつけて二、三日《にち》たってみると——。しるしのはばがかわり、つるのさきのほうが大《おお》きくあいだがあいていています。さきのほうほどよくのびたからです。

6月《がつ》11日《にち》
45日《にち》め

えだわかれ

つるとはのえのあいだから、また、めがでてきました。こんどこそ花《はな》になるのでしょうか。

6月《がつ》14日《か》
48日《にち》め

いいえ。三日《か》ぐらいするうちに、えだけがのびて新《あたら》しいつるになりました。

つるのえだわかれがはじまったのです。

アサガオは、つるとはのあいだからこどものつるをのばし、また、そのつると

はのあいだからまごのつるをというように、えだわかれをしながらひろがります。

みつけた小《ちい》さなめ

いっぱいにひろがったはのかげから、ちょこんと頭《あたま》をもちあげている小《ちい》さなめをみつけました。

そのめは、はのえのすぐ下《した》からでています。

こんどは、なにになるのでしょう。

つぼみのひみつ

めが、だんだん、ながくふっくらとしてきました。でも、えはあまりのびてはいません。

よくみると、ねじれているめのさきのほうが、すこしあかく色《いろ》づいてきましたね。つぼみかもしれません。

めのなかはどうなっているか、ひとつだけきって、しらべてみましょう。

ほら、なかには、棒《ぼう》のようなものがたっています。まんなかの棒《ぼう》はせがたかく、まるい頭《あたま》がついています。まわりの六本《ぽん》※の棒《ぼう》はせがひくくて、頭《あたま》でっかちです。

まんなかの棒《ぼう》はめしべ、まわりの棒《ぼう》はおしべといい、アサガオが、たねをつくるのにだいじなやくめをもっています。

※アサガオの花《はな》のおしべは五本《ほん》のものが多《おお》いようです。しかし、なかには六本《ぽん》、七本《ほん》、八本《ほん》のものもあります。あなたのアサガオの花《はな》のおしべの数《かず》は何本《なんぼん》か、しらべてみましょう。

花《はな》はいつさく

つぼみのねじれがゆるんで、なかの色《いろ》がのぞいてみえていたら、もうすぐさきます。

さくようすをみたい人《ひと》は、夜《よる》、はやねをして、三時《じ》ごろ、だれかにおこしてもらいましょう。

どんなじゅんにさくでしょう。

どんなかたちにさくでしょう。

12
1
2
3
4
5
6
7
8
9
10
11

7月《がつ》20日《か》

―84日《にち》め―

さいたアサガオ

四十分《ぷん》かかって、やっとさきおわりました。

上《うえ》のほうにはまだわかいつぼみがいっぱいあるから、あしたも、あさっても、つぎつぎにきれいな花《はな》がさくでしょう。

きみのアサガオは、どんな色《いろ》の花《はな》がさきましたか。

あさです。
かきねにさいたアサガオに、
さっそく、キアゲハが、みつ
をすいにとんできました。

いろいろなアサガオ

アサガオには、いろいろな種類《しゅるい》があります。花《はな》の色《いろ》やかたちをくらべてみてください。みんなちがいます。でもよくみると、どこかにているところもありますね。

赤《あか》や、青《あお》や、むらさき色《いろ》、いろんな色《いろ》がありますが、黄色《きいろ》いアサガオはまだありません。

7月《がつ》20日《か》
——84日《にち》め——

これからさくつぼみがどちらかわかりますか。左《ひだり》ですね。

花《はな》がしぼんで……

あさ、あんなにきれいにさいていたのに、ひるには、もうこんなにしぼんでしまいました。アサガオは、いちどしぼむと、その花《はな》は、もうにどとさくことはありません。そのまま、しおれて、つけねからおちてしまいます。

でも、つぼみはたくさんあります。はやくできた下《した》のほうのつぼみから、まいあさ、つぎつぎにさき、アサガオは、夏《なつ》じゅう花《はな》でいっぱいになります。

一つのかぶに、いくつぐらい花《はな》がさくとおもいますか。つぼみがぜんぶ花《はな》になれば……ふつう五十から八十ぐらいの花《はな》がさきます。

小《ちい》さなつぶのひみつ

花《はな》がみんなちって、アサガオはだんだんかれてきました。花《はな》がちったあとに、小《ちい》さな実《み》がなりました。実《み》のなかはどうなっているか、たてにきってみましょう。

ひとつぶ、とりだして
きってみると――。

ふたばになるところ

実《み》をよこにきってみましょう。へやが、いくつにもわかれています。
なかに、はのようなものがたたみこまれているのがみえますね。

わかい実《み》と、かれた実《み》では、色《いろ》も、かたちも、こんなにちがいます。
はじめに、まいたたねとにていませんか。
もう、わかったでしょう。このつぶが、アサガオのたねなのです。

そして秋《あき》。ある日《ひ》、
実《み》がひとりでにわれて
たねが地面《じめん》にぱらぱら――。

たったひとつぶのたね
から、こんなにたくさん、
たねがとれました。

このたねも、らい年《ねん》は
きっと、きれいな花《はな》をさ
かせるでしょう。

＊アサガオはどこから……

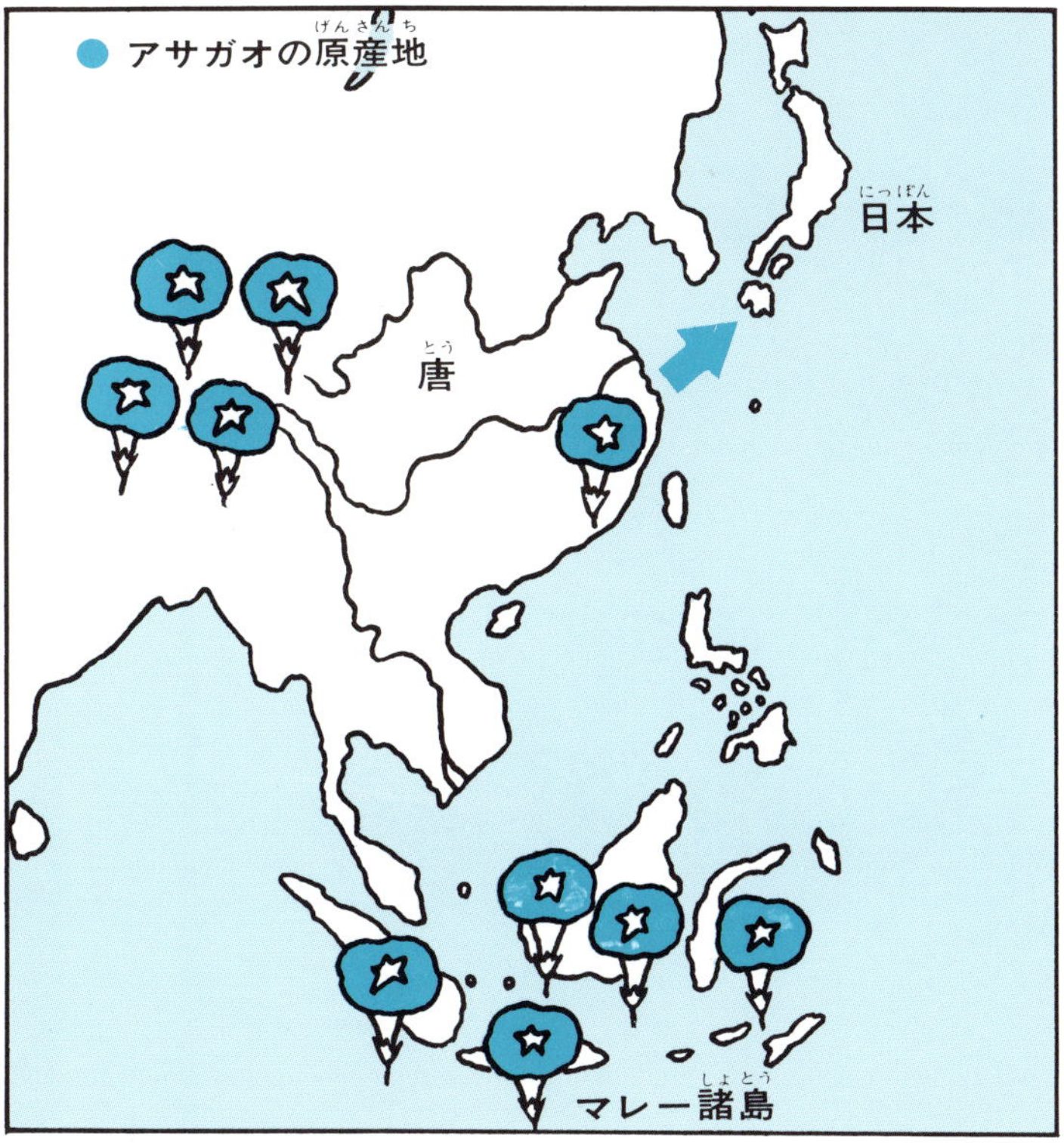

むかし、中国《ちゅうごく》の南《みなみ》や、マレーの島《しま》じまの山《やま》のふもとに、うす青色《あおいろ》の花《はな》と三つにわかれた葉《は》をもつつるくさがはえていました。

いまから千年《ねん》いじょうまえ、日本《にっぽん》の都《みやこ》が奈良《なら》にあった時代《じだい》、唐《とう》（いまの中国《ちゅうごく》）の人《ひと》が船《ふね》でその花《はな》のたねをつたえてくれました。でも、それは、美《うつく》しい花《はな》のたねとしてではなく、くすりとして、それも下剤《げざい》としてだったのです。

その花《はな》にはたくさんのたねができたので、地面《じめん》にこぼれてはふえて、くすりとしてつかっていたえらい人《ひと》の庭《にわ》ばかりではなく、里《さと》の人《ひと》たちの庭《にわ》やいけがきでもみられるようになりました。

早《はや》おきだったむかしの人《ひと》は、「おはよう」といってくれているようなこの花《はな》に、「朝《あさ》顔《がお》」（あさにみて美《うつく》しい花《はな》といういみ）というなまえをつけたのです。

➡ヒルガオ
⬅サツマイモ

もともとアサガオは、ヒルガオやサツマイモのなかまなのです。花《はな》のかたちをよくみると、どこかにたところがありますね。サツマイモはふつう、花《はな》がさかず、いもがたねのやくめをします。品種《ひんしゅ》のかいりょうのときは、ちかいなかまのアサガオを台木《だいぎ》に、サツマイモのつるのさきっぽをつぎ木《き》して、花《はな》をさかせたねをとるのです。

アサガオは、もとうすい青《あお》い色《いろ》ただ一色《しょく》だったのですが、たまたま、ちがう色《いろ》の花《はな》がさいたとき、それをもとにたいせつに手《て》をくわえ、いまでは、いろいろな色《いろ》の花《はな》をさかせることができるようになりました。あなたのみた花《はな》の色《いろ》はどんな色《いろ》ですか。花《はな》や葉《は》のかたちも、人間《にんげん》が手《て》をかして、いろいろなかわりものをつくることができるようになりましたが、しばらく手《て》をくわえることをやめると、どうしたものか、すぐ、もとのアサガオのかたちにもどってしまうのです。それですから、大《おお》きな花《はな》のさくものや、かたちのかわったものは、いつも気《き》をつけて、だいじにそだてないといけません。

←アサガオの色《いろ》のへんか

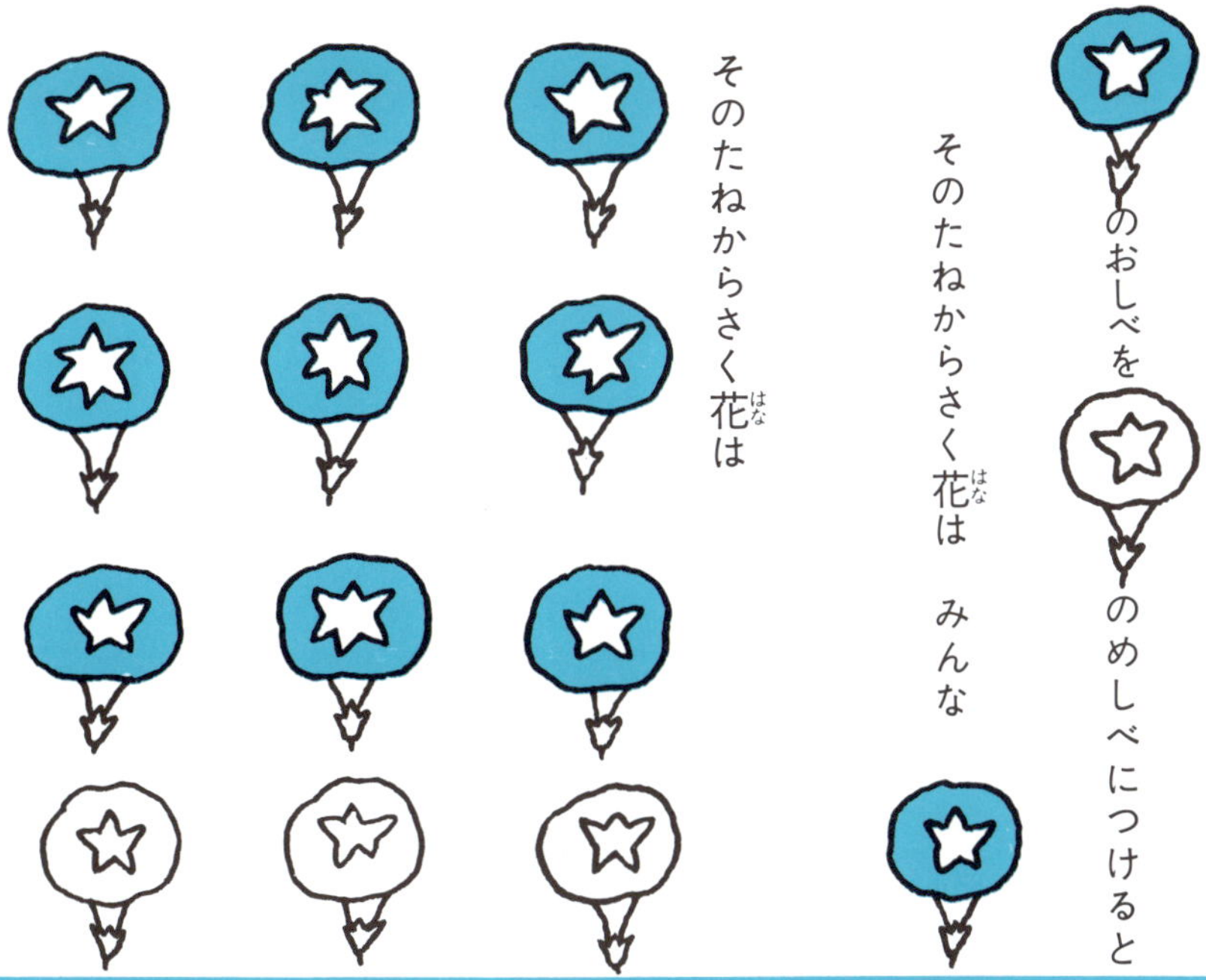

のおしべを
のめしべにつけると
そのたねからさく花《はな》は　みんな
そのたねからさく花《はな》は

＊夕方《ゆうがた》、つぼみのうちに、おしべをきりとってめしべだけにした花《はな》に、昆虫《こんちゅう》がほかの花粉《かふん》をつけないように、ふくろをかぶせます。つぎの日《ひ》、ひらいたべつの花《はな》のおしべをつけて受粉《じゅふん》させます。

←アサガオのかわりもの

●こんな実験《じっけん》をしてみると…

↑とちゅうから、棒《ぼう》の角度《かくど》をかえてみましょう。つるが、どの角度《かくど》にのびていくかがわかります。

↑電信柱《でんしんばしら》や、針金《はりがね》のそばにおいてみましょう。どのくらいの太《ふと》さのものまでまきつくかがわかります。

↑棒《ぼう》のきょりをかえてみましょう。つるが、どのくらい遠《とお》くまで支《ささ》えをさがすのかがわかります。

つるとは、ほそ長《なが》くのびて、ほかのものにまきつかないと、たおれてしまうくきのことです。

アサガオのつるは、ゆらゆらと左《ひだり》まきにわをかいて支《ささ》えをさがします。さがしあてると、さわったほうはあまり成長《せいちょう》しないで反対《はんたい》がわが成長《せいちょう》するので、支《ささ》えにそってまきついていきます。

どのくらい、とおくまでさがすでしょう。どのくらい太《ふと》いものにまきつくでしょう。電信柱《でんしんばしら》やかべには、まきついたり、よじのぼったりできるのでしょうか。

横《よこ》むきに右《みぎ》まきにまきつけて、どうするか実験《じっけん》してみました。つるは、そのままいくかとおもったら、左《ひだり》まきにまきなおして、たての棒《ぼう》へ上《うえ》むきにまきつきました。たての棒《ぼう》がないと、まきなおして上《うえ》にのぼろうとしますが、下《した》におちてしまい、地面《じめん》をはって支《ささ》えのものをさがしてのぼります。

つるを横《よこ》にきってみました。穴《あな》がたくさんありますね。この穴《あな》は水道《すいどう》かんのようなくだです。太《ふと》い(⬇)のは、根《ね》からすいあげた水《みず》や養分《ようぶん》を上《うえ》へはこび、ほそい(⇩)のは、葉《は》でつくったでんぷんを水《みず》にとかして下《した》へはこびます。

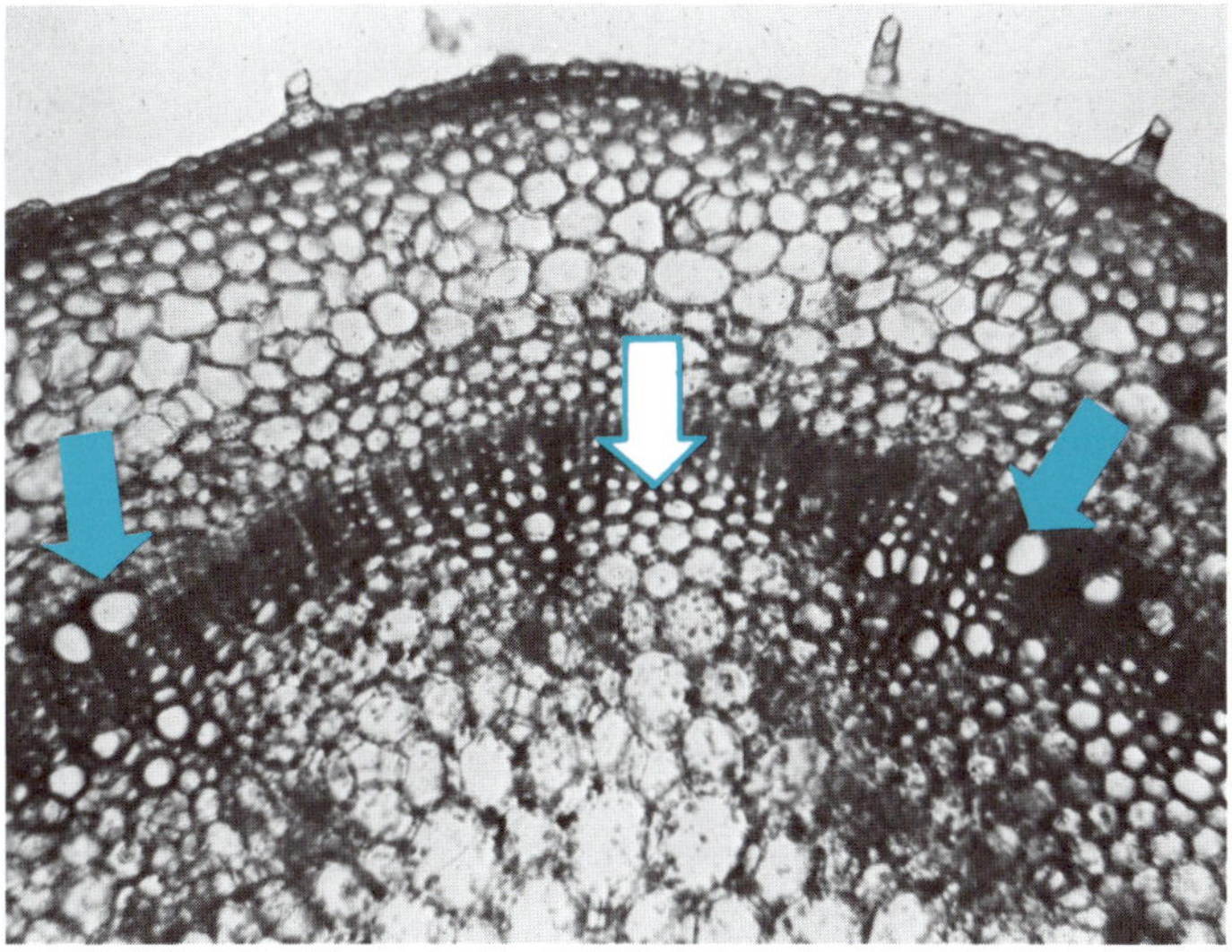

⬆くろっぽくみえるところは、太《ふと》いくだとほそいくだの両方《りょうほう》をつくっているところ。

生《い》きている動物《どうぶつ》は、みんな呼吸《こきゅう》します。人間《にんげん》は、空気《くうき》ちゅうの酸素《さんそ》をすって、二酸化炭素《さんかたんそ》をだします。植物《しょくぶつ》もおなじように呼吸《こきゅう》をしていますが、動物《どうぶつ》とちがって、ほかに太陽《たいよう》の光《ひかり》があたっているときだけ、二酸化炭素《さんかたんそ》をすって、酸素《さんそ》をだすはたらきもします。

葉《は》の表面《ひょうめん》には、葉緑素《ようりょくそ》というラグビーボールのようなかたちの小《ちい》さなみどり色《いろ》のものがぎっしりつまっています。これが太陽《たいよう》の光《ひかり》をうけると、根《ね》からすいあげた水《みず》と、空気《くうき》ちゅうからすいこんだ二酸化炭素《さんかたんそ》とで成長《せいちょう》にかかせない養分《ようぶん》〝でんぷん〟をつくるのです。

このように、植物《しょくぶつ》の成長《せいちょう》に太陽《たいよう》の光《ひかり》はかかせません。上《うえ》の写真《しゃしん》をみてください。葉《は》が光《ひかり》をうけやすいようにかさならずにでていますね。

では、太陽《たいよう》の光《ひかり》があたったぶぶんと、あたらないぶぶんでは、でんぷんのできかたがどんなにちがうか、実験《じっけん》してみましょう。

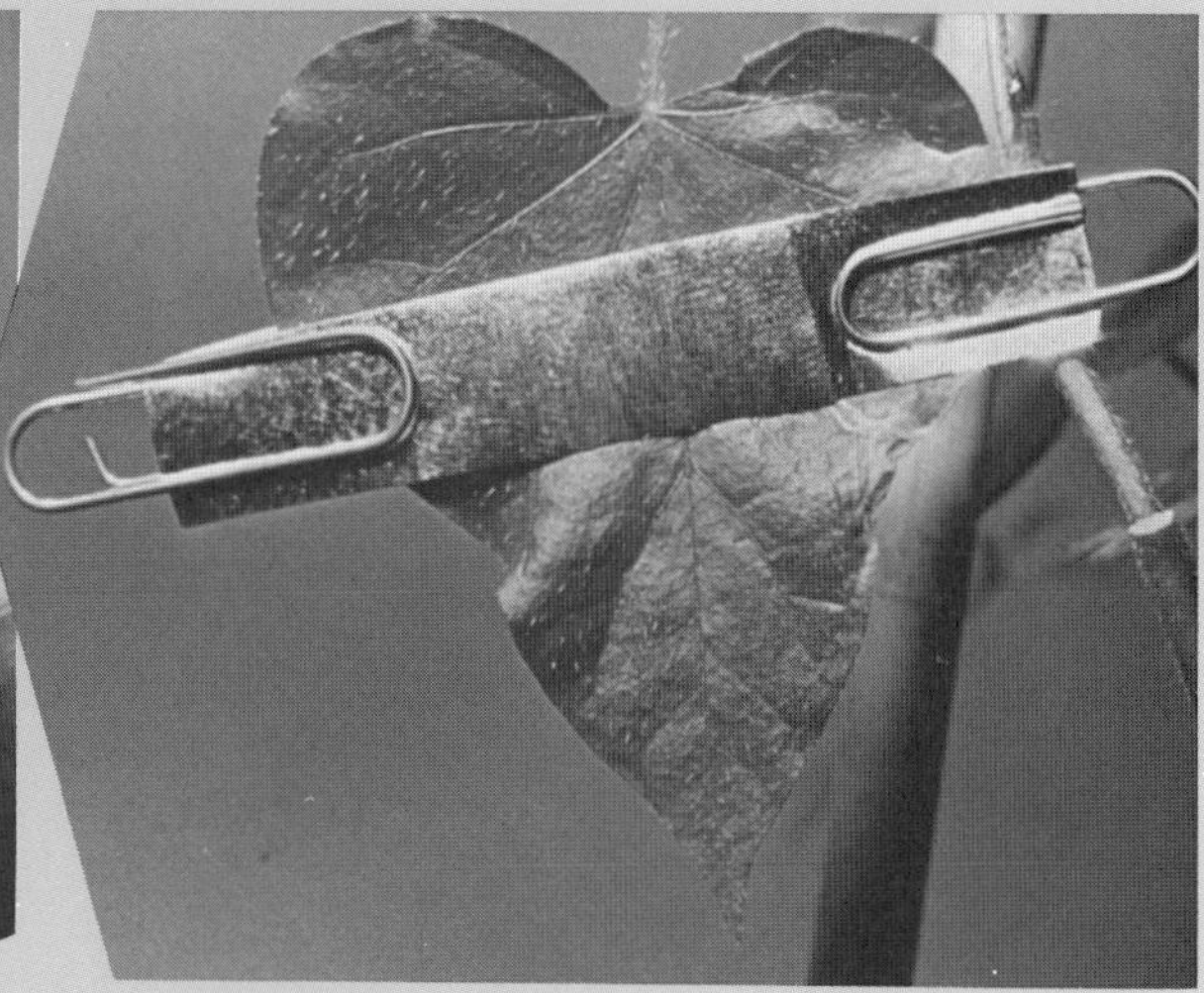

葉《は》のうらとおもてに銀紙《ぎんがみ》をまいてとめる。(夕方《ゆうがた》)

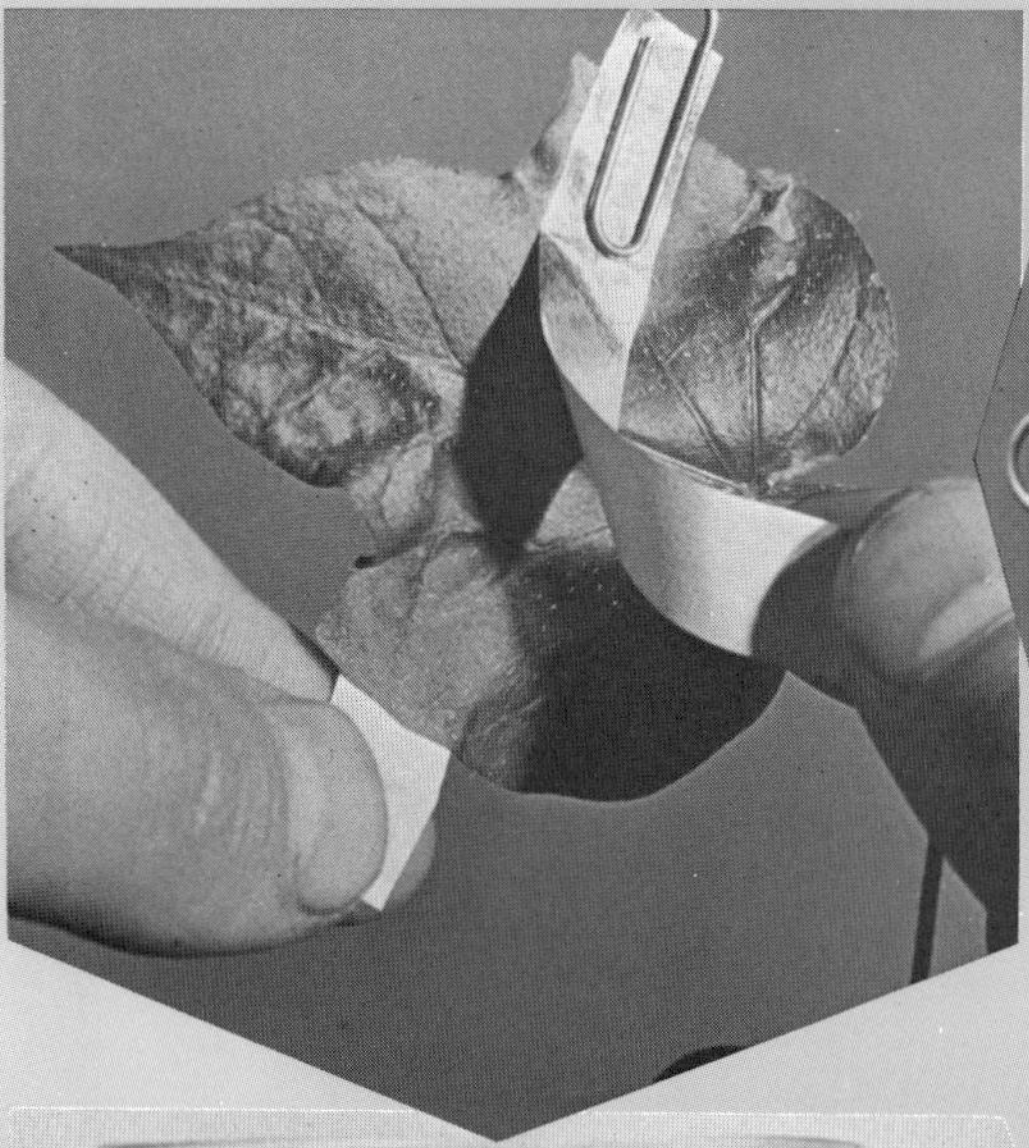

銀紙《ぎんがみ》をはがしたらすぐ湯《ゆ》でにて、紙《かみ》でそっとおさえて水気《みずけ》をとる（つぎの日《ひ》のひるすぎ）

熱《あつ》い湯《ゆ》であたためたアルコールのなかに入《い》れてみどりがとけてきいろになったらとりだし……

よう素液《そえき》（ヨードチンキをうすめたものでもよい）をつけると

日《ひ》のあたったところはむらさき色《いろ》にかわる

※でんぷんはよう素液《そえき》に反《はん》応《のう》してむらさき色《いろ》になる

㋑

㋺

アサガオは、太陽《たいよう》の光《ひかり》がたくさんあびられるうちは、つるをのばし、葉《は》をしげらせて成長《せいちょう》し、日《ひ》が短《みじか》くなりはじめると、つぼみをつけて花《はな》をさかせるじゅんびをします。夜《よる》の長《なが》さに関係《かんけい》があるのです。

上《うえ》の写真《しゃしん》は、もうすぐさくつぼみのなかのようすです。

㋑の写真《しゃしん》では、おしべはめしべよりひくかったのに、六時間後《じかんご》の㋺の写真《しゃしん》では、おしべがめしべにふれていますね。おいついたのです。

アサガオのつぼみは、さくまえの夜《よる》にきゅうに成長《せいちょう》します。

なかのめしべもおしべものびますが、おしべののびのほうが、とくに

昆虫《こんちゅう》・レンゲとミツバチ

風《かぜ》・イネ

水《みず》・キンポウゲ

大《おお》きく、つぼみのなかでめしべをおいこしてしまうのです。

そのときに、こすれるようにして、おしべでつくられた花粉《かふん》が、めしべの頭《あたま》につきます。めしべの頭《あたま》についた花粉《かふん》は、どんどんのびてめしべのくだのなかにはいっていき、根《ね》もとまでとどくと、そこでたねつくりがはじまります。

このことを受粉《じゅふん》といいます。受粉《じゅふん》のしかたは植物《しょくぶつ》によってちがいます。花粉《かふん》がみつをすいにくる虫《むし》のからだについてはこばれ受粉《じゅふん》するもの（レンゲ・ツツジ）や、花粉《かふん》が風《かぜ》にとばされて受粉《じゅふん》するもの（イネ・マツ）、花粉《かふん》が雨水《あまみず》のしずくや、水《みず》にながされて受粉《じゅふん》するもの（キンポウゲ・モのなかま）などがあります。

アサガオはおなじ花《はな》の花粉《かふん》で、しかも、ほかのちからをかりないで受粉《じゅふん》する草花《くさばな》です。

どんな草花《くさばな》でも、くきや葉《は》がどんどん成《せい》長《ちょう》しているときは花《はな》はさきません。からだがすっかり成長《せいちょう》しきったときに、たねをのこすために花《はな》をさかせるのです。

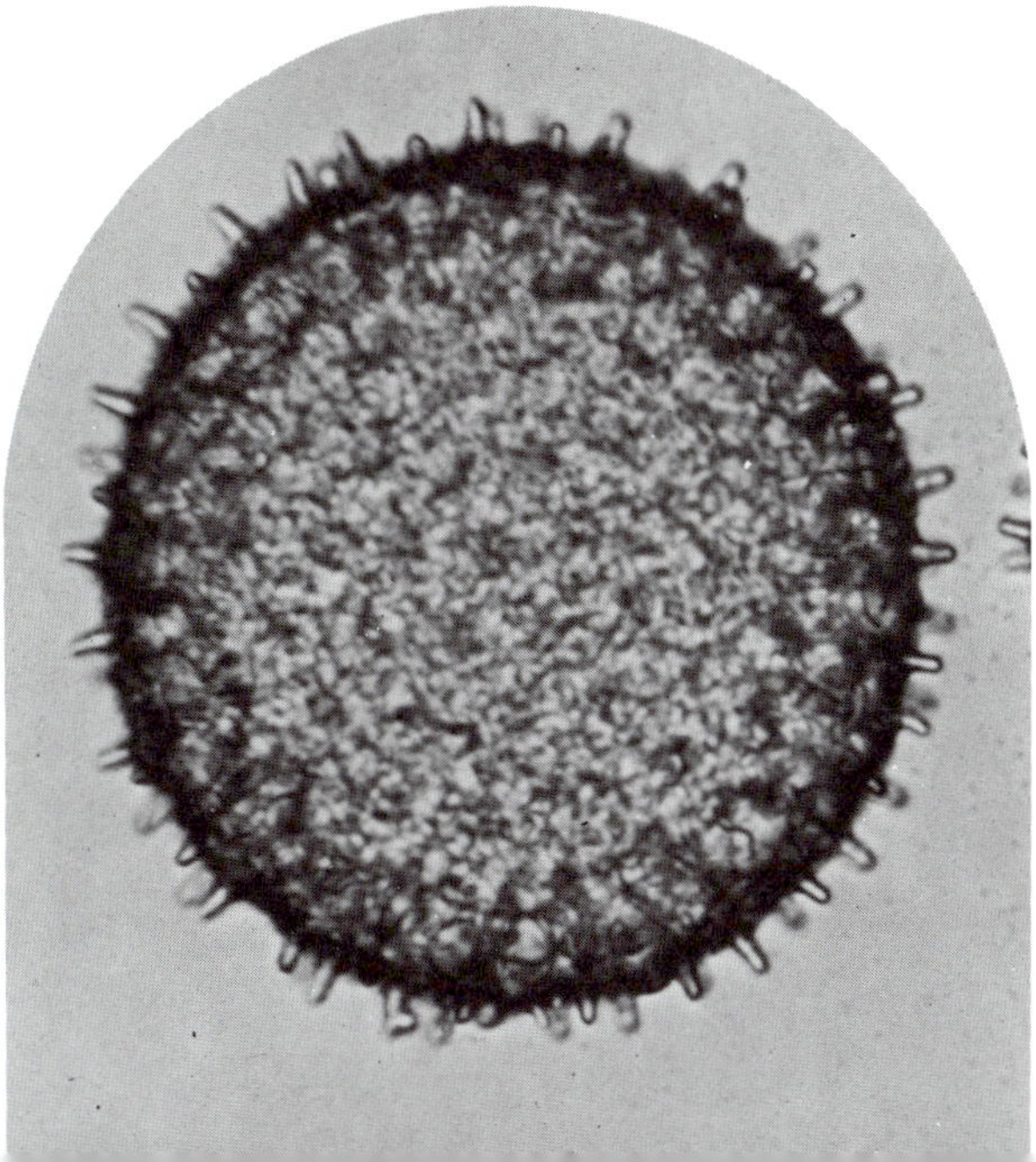

アサガオの花粉《かふん》。ものにつきやすいようにまわりがギザギザになっています。

たねをえらびましょう

たねをまくときには

植木鉢《うえきばち》
18センチメートル
たね
黒土《くろつち》
りょう
ごろ土《つち》
石《いし》など
植木鉢《うえきばち》のかけら

※ひらたい鉢《はち》は根《ね》がのびないからだめ

あなたもたねをまいてそだつようすをみつめてみませんか。

色《いろ》が黒《くろ》っぽく、かたくふくらんでいるたねで、きずのないものをえらびましょう。しわのあるもの、小《ちい》さくやわらかいもの、色《いろ》が白《しろ》っぽかったり茶色《ちゃいろ》かったりするものはわるいたねです。

四月《がつ》末《すえ》から八十八夜《や》のころ、おそくても五月《がつ》十日ごろまでに、ふつうの黒土《くろつち》か、赤土《あかつち》に腐葉土《ふようど》をまぜたものにまきます。早《はや》くまいても、花《はな》が早《はや》くさくわけではありません。アサガオは熱帯《ねったい》の花《はな》だったので、土《つち》の温度《おんど》がせっし20度《ど》ぐらいないと発芽《はつが》しないからです。

まくのは、植木鉢《うえきばち》ならふつうのかたちのもの、花《か》だんとかのき下《した》にまくときは、日《ひ》がよくあたるところをえらびます。そのときたねのはらを下《した》に

まいたあとは

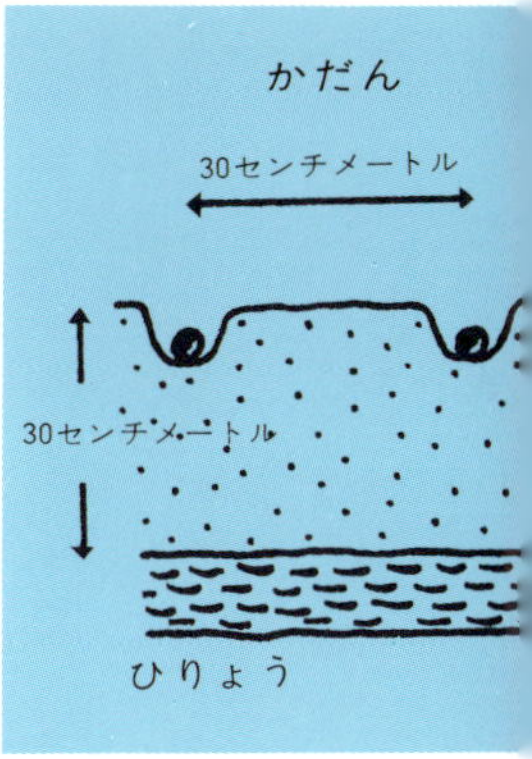
かだん
30センチメートル
30センチメートル
ひりょう

してまきましょう。

うえおわったら、水《みず》やりでふたばのうらに土《つち》がつかないように、根《ね》もとに砂《すな》か、わらをしきます。

水《みず》やりはあさとひるに、根《ね》もとへ鉢《はち》の下《した》から水《みず》がしみだすくらい、たっぷり。冷《つめ》たいと土《つち》の温《おん》度《ど》がさがるから、日《ひ》なた水《みず》をやります。そのとき、葉《は》やつるのようすをかんさつしましょう。ひりょうは十日《か》に一度《ど》、花屋《はなや》にあるハイポネックスを水《みず》にうすめるか、米《こめ》のとぎ汁《じる》、灰《はい》の汁《しる》、にわとりのふんをかんそうさせたものなどがよいのです。

うえかえるときは

← 竹《たけ》ばしで根《ね》をいためないように、根《ね》の土《つち》をきれいに苗《なえ》の根《ね》もとをふかくさして、とります。土《つち》ごともちあげてください。

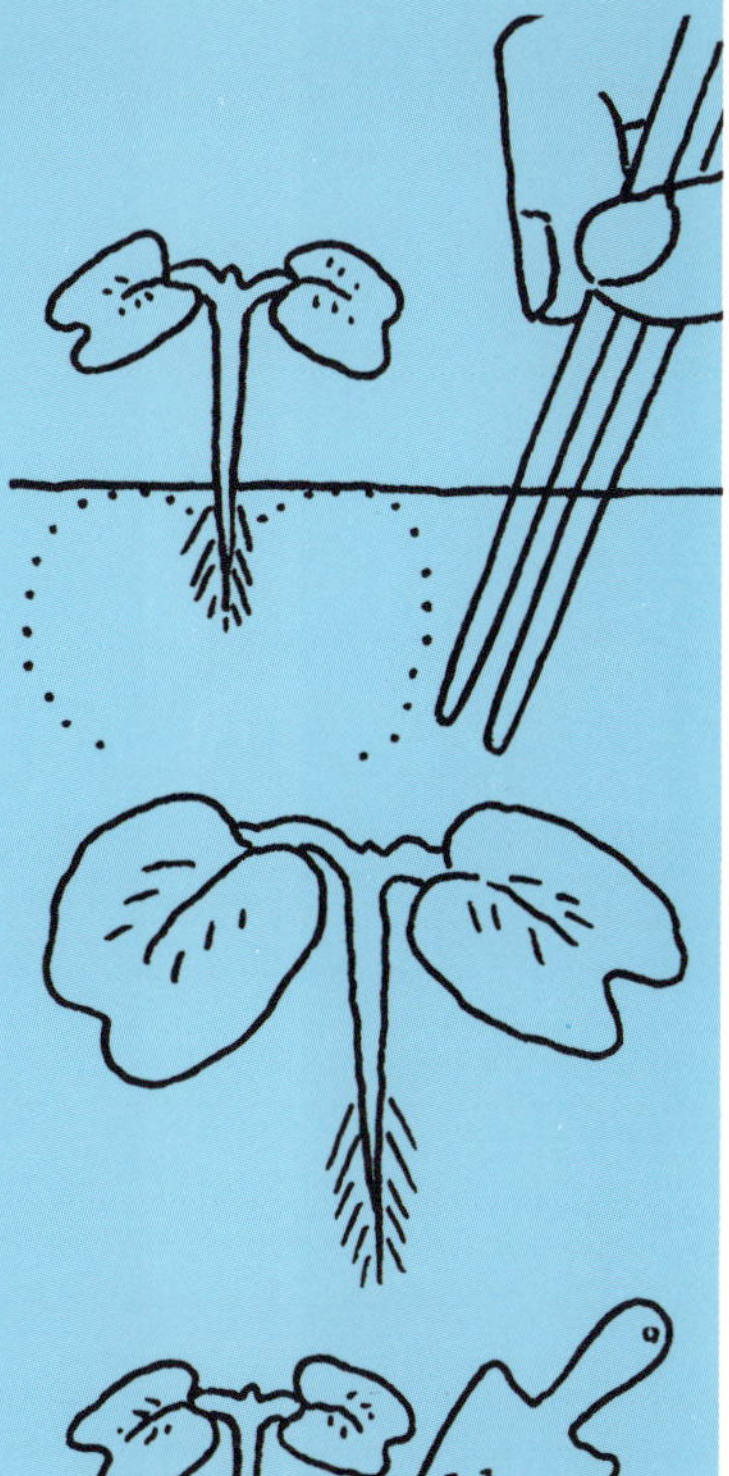
30センチメートル

支《ささ》えをたてましょう

のびすぎたつるは、ゆびでつまむときれます。つまんでわきめをのばしてもいいですね。

ふつうの竹《たけ》の棒《ぼう》だけでもだいじょうぶです。

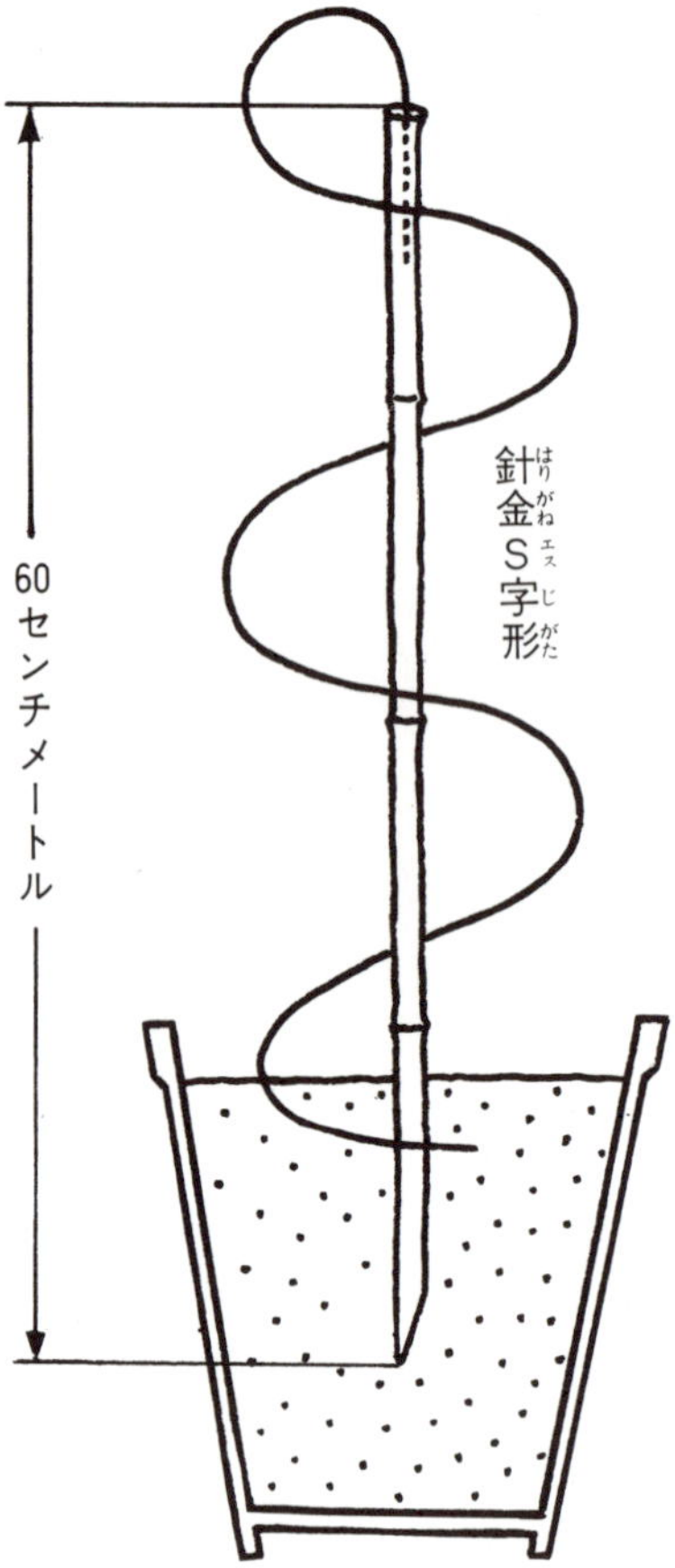
針《はり》金《がね》S《エス》字《じ》形《がた》
60センチメートル

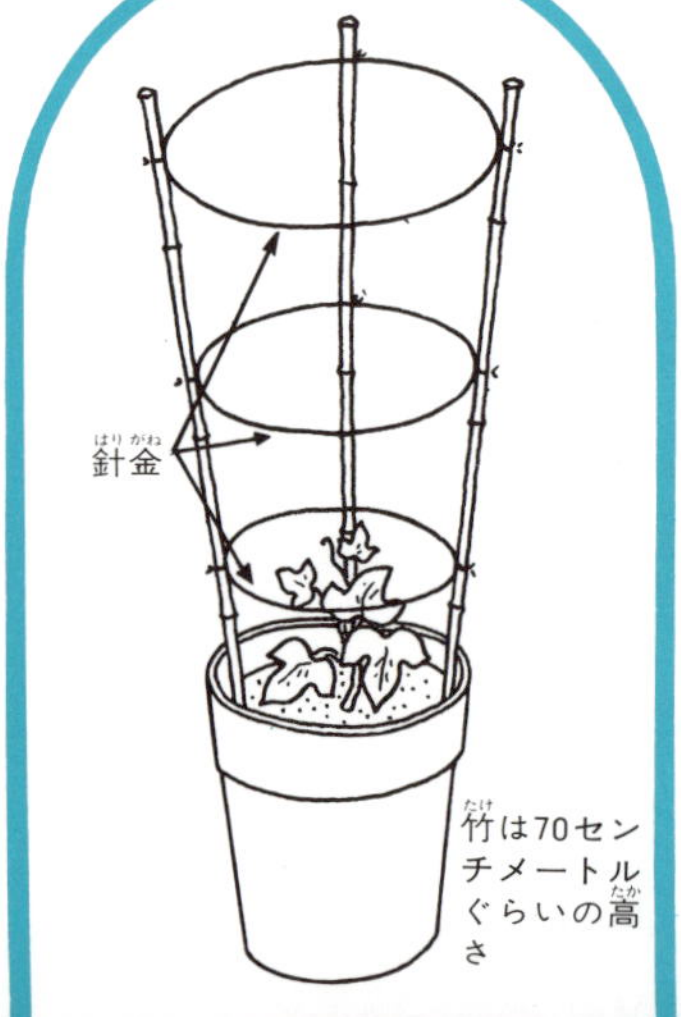
針《はり》金《がね》
竹《たけ》は70センチメートルぐらいの高《たか》さ

たねをとるときには

花《はな》がさいたら、たねになったときどんな色《いろ》の花《はな》だったかわかるように名《な》札《ふだ》をつけておきましょう。

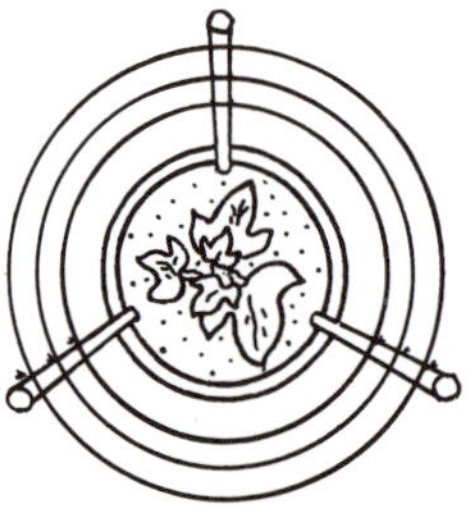

紙《かみ》でつくったキャップをかぶせたところ。

大《おお》きくてきれいな花《はな》にしるしをつけて、よいたねをえらんでのこしておくようにしましょう。

たねはじゅうぶんにじゅくしてからとって、よくかわかしてからふくろに入《い》れてしまいましょう。

花《はな》のなまえや色《いろ》やとった日《ひ》をかいておいたら楽《たの》しいですね。ビニールやポリエチレンのふくろはだめです。しめり気《け》でたねがくさってしまいます。

かわいい芽《め》や花《はな》をかくしているたね……来年《らいねん》はどんなアサガオになるのかな。

さくところをみたい人《ひと》は

花《はな》がさくのは、まっくらな夜《よ》あけまえです。

どうしてもおきられない人《ひと》は、つぎのあさにさきそうなつぼみにキャップをかぶせておいてごらんなさい。しおれた花《はな》を、さかさまにかぶせておいてもよいですね。おきてから、キャップをとるとすぐにひらきはじめます。

あとがき

アサガオの種《たね》を切《き》ってみたら、もう来年《らいねん》のふたばができていました。しっかりと巻《ま》きこまれた種《たね》の切《き》り口《くち》の美《うつく》しいこと……。

あと少《すこ》し熟《じゅく》した種《たね》を切《き》ってみたら、もうそこは、秘密《ひみつ》もわからないほど、固《かた》く黄色《きいろ》にかんそうしてしまっているのでした。きっと、寒《さむ》い冬《ふゆ》の間《あいだ》、だいじにしまっておくための仕《し》かけが進《すす》んでいたのでしょう。

一年《ねん》も先《さき》の美《うつく》しい花《はな》を咲《さ》かせる秘密《ひみつ》のもとを、人指《ひとさ》しゆびと親《おや》ゆびの間《あいだ》にはさんで、私《わたくし》は、あきずにながめておりました。

小《ちい》さな種《たね》にしまわれた秘密《ひみつ》をカメラでおいかけていくうちに、私《わたくし》は、いままで見《み》すごしていた自然《しぜん》のふしぎに、すっかりとらえられてしまいました。

アサガオの秘密《ひみつ》は、これで全部《ぜんぶ》ではありません。育《そだ》てているうちに、つぎからつぎへとふしぎが深《ふか》まるばかりで、まるですばらしい手品《てじな》を見《み》ているようでした。あなたも、もう一度《いちど》、アサガオを育《そだ》ててみませんか。

この本《ほん》を作《つく》るのに、たくさんの人《ひと》たちの理解《りかい》と協力《きょうりょく》をいただきました。解説《かいせつ》文《ぶん》を書《か》いていただいた東京《とうきょう》瀬田《せた》小学校長《しょうがっこうちょう》の中山周平《なかやましゅうへい》先生《せんせい》をはじめ、あかね書房《しょぼう》の山下明生《やましたはるお》さん、七尾《ななお》企画《きかく》の大沢真知子《おおさわまちこ》さんに心《こころ》からお礼《れい》を申《もう》し上《あ》げます。

佐藤《さとう》　有恒《ゆうこう》

（一九七二年三月）

NDC470
佐藤有恒
科学のアルバム　植物 1
アサガオ　たねからたねまで
あかね書房 2021
54P　23×19cm

科学のアルバム
アサガオ　たねからたねまで

一九七二年三月初版
二〇〇五年 四 月新装版第 一 刷
二〇二一年一〇月新装版第一三刷

著者　佐藤有恒
中山周平

発行者　岡本光晴
発行所　株式会社 あかね書房
〒一〇一－〇〇六五
東京都千代田区西神田三－二－一
電話〇三－三二六三－〇六四一（代表）
http://www.akaneshobo.co.jp
印刷所　株式会社 精興社
写植所　株式会社 田下フォト・タイプ
製本所　株式会社 難波製本

ISBN978-4-251-03313-0
定価は裏表紙に表示してあります。
落丁本・乱丁本はおとりかえいたします。

○表紙写真
・アサガオの花《はな》
○裏表紙写真（上から）
・土《つち》のなかでのびているね
・アサガオの根毛《こんもう》
・アサガオの花《はな》
○扉写真
・たてにきったアサガオの実《み》
○もくじ写真
・アサガオの花《はな》と蜜《みつ》をすうアゲハチョウ

科学のアルバム

全国学校図書館協議会選定図書・基本図書
サンケイ児童出版文化賞大賞受賞

虫

モンシロチョウ
アリの世界
カブトムシ
アカトンボの一生
セミの一生
アゲハチョウ
ミツバチのふしぎ
トノサマバッタ
クモのひみつ
カマキリのかんさつ
鳴く虫の世界
カイコ まゆからまゆまで
テントウムシ
クワガタムシ
ホタル 光のひみつ
高山チョウのくらし
昆虫のふしぎ 色と形のひみつ
ギフチョウ
水生昆虫のひみつ

植物

アサガオ たねからたねまで
食虫植物のひみつ
ヒマワリのかんさつ
イネの一生
高山植物の一年
サクラの一年
ヘチマのかんさつ
サボテンのふしぎ
キノコの世界
たねのゆくえ
コケの世界
ジャガイモ
植物は動いている
水草のひみつ
紅葉のふしぎ
ムギの一生
ドングリ
花の色のふしぎ

動物・鳥

カエルのたんじょう
カニのくらし
ツバメのくらし
サンゴ礁の世界
たまごのひみつ
カタツムリ
モリアオガエル
フクロウ
シカのくらし
カラスのくらし
ヘビとトカゲ
キツツキの森
森のキタキツネ
サケのたんじょう
コウモリ
ハヤブサの四季
カメのくらし
メダカのくらし
ヤマネのくらし
ヤドカリ

天文・地学

月をみよう
雲と天気
星の一生
きょうりゅう
太陽のふしぎ
星座をさがそう
惑星をみよう
しょうにゅうどう探検
雪の一生
火山は生きている
水 めぐる水のひみつ
塩 海からきた宝石
氷の世界
鉱物 地底からのたより
砂漠の世界
流れ星・隕石